Inam Ullah Khan
Faraz Mateen
Muhammad Sohaib Jamal Solaija

# Deteção de saliência em anúncios de vídeo utilizando a análise do olhar

Inam Ullah Khan
Faraz Mateen
Muhammad Sohaib Jamal Solaija

# Deteção de saliência em anúncios de vídeo utilizando a análise do olhar

## Estimativa das caraterísticas salientes num vídeo através do algoritmo de deteção do olhar

ScienciaScripts

**Imprint**



Cover image: www.ingimage.com

This book is a translation from the original published under ISBN 978-3-659-86626-5.

Publisher:
Sciencia Scripts
is a trademark of
Dodo Books Indian Ocean Ltd. and OmniScriptum S.R.L publishing group

120 High Road, East Finchley, London, N2 9ED, United Kingdom
Str. Armeneasca 28/1, office 1, Chisinau MD-2012, Republic of Moldova, Europe
Managing Directors: Ieva Konstantinova, Victoria Ursu
info@omniscriptum.com

Printed at: see last page
**ISBN: 978-620-8-55574-0**

# Índice

## Resumo

Sabemos que os anúncios em vídeo são imperativos para o sucesso da comercialização de produtos, mas vemos vários anúncios que não conseguem cativar a nossa imaginação e temos tendência para mudar de canal quando são apresentados. A questão continua a ser o que atrai tanto os clientes para alguns anúncios que se lembram deles mesmo depois de muito tempo, enquanto outros são esquecidos instantaneamente. O objetivo deste projeto é desenvolver um sistema baseado na visão por computador, que ajudará a identificar caraterísticas visuais salientes num anúncio. Estas caraterísticas salientes serão extraídas utilizando o olhar do utilizador e depois previstas com base no conhecimento adquirido. O objetivo é fornecer uma solução que dê às agências de publicidade a capacidade de analisar os seus anúncios e o seu valor para os espectadores.

A solução proposta identificará caraterísticas salientes dos vídeos, de forma semi-automatizada. Depois de um número significativo de vídeos ter sido analisado e as suas caraterísticas salientes reconhecidas, desenvolveremos um protótipo de aplicação para prever caraterísticas de interesse noutros vídeos. Pretendemos tornar o nosso produto comercializável, tendo como alvo a publicidade de multinacionais.

## Introdução

Diz-se que *"uma imagem vale mais do que mil palavras", mas* imagine-se o poder de uma série de imagens em movimento, mesmo quando estas imagens têm como único objetivo afetar o processo de pensamento de uma pessoa, de modo a atrair a atenção para si próprias, acabando por criar um desejo de as possuir. As pessoas têm um apetite voraz por todos os vídeos, como se pode ver pela imensa popularidade do YouTube nos últimos tempos.

Os inquéritos indicam que as visitas a sítios de vídeo em linha no Reino Unido aumentaram 36% ao ano. Uma análise efectuada pela Digital TV Research prevê que as despesas globais com publicidade atinjam 60,6 mil milhões de libras em 2016. Os anúncios representam 30% do tempo de antena da televisão e muitos de nós veremos mais de dois milhões de anúncios publicitários durante a nossa vida (Penn, 2012).

Os inquéritos indicam que as visitas a sítios de vídeo em linha no Reino Unido aumentaram 36% ao ano. Uma análise efectuada pela Digital TV Research prevê que as despesas globais com publicidade atinjam 60,6 mil milhões de libras em 2016. Os anúncios representam 30% do tempo de antena da televisão e muitos de nós veremos mais de dois milhões de anúncios publicitários durante a nossa vida (Penn, 2012). Estudos realizados pela The A. C. Nielson Company sugerem que um americano de 65 anos teria passado 9 anos em frente à televisão, cerca de dois meses por ano. Um jovem médio não está melhor, tendo passado quase o dobro do tempo escolar em frente à televisão. (Herr, 2007). As televisões podem estar desligadas, mas a presença da publicidade está em todo o lado, seja nos jornais, rádios, outdoors, panfletos, caixas de cereais, etc.

Em suma, a publicidade é praticamente omnipresente no estilo de vida atual. Não podemos fugir, não nos podemos esconder deles, por isso, porque não garantir a produção de anúncios que sejam, pelo menos, visíveis? Anúncios que transmitam algo sobre o produto, em vez de alegações vagas sobre a sua superioridade em relação a outro.

Apesar da importância óbvia dada aos anúncios em vídeo, vemos muitos anúncios ineficazes e pouco apelativos que tendem a dar uma impressão medíocre do produto, na melhor das hipóteses. Há uma necessidade premente de uma solução que seja capaz de modelar o olhar de uma pessoa utilizando o conhecimento da perceção humana.

Pretendemos propor uma solução eficiente e económica para detetar objectos salientes de um vídeo. A **saliência** (também designada por **saliência**) de um item - seja ele um objeto, uma pessoa, um pixel, etc. - é o estado ou a qualidade pela qual se destaca em relação aos seus vizinhos. - é o estado ou a qualidade pela qual se destaca em relação aos seus vizinhos.

Deve ter-se em conta que, embora um vídeo seja praticamente uma sequência de imagens fixas, a deteção de saliência de um vídeo é bastante diferente da de uma única imagem. Por exemplo, o tempo que um espetador tem para cada fotograma de um vídeo é uma fração de segundo, enquanto uma imagem fixa pode ser vista sem qualquer limitação de tempo. Por conseguinte, consideramos que o método de deteção de saliência em vídeo deve variar significativamente dos métodos tradicionais de deteção de saliência em imagens.

O nosso método baseia-se na seleção de candidatos como salientes num vídeo (Rudoy, Goldman, Shechtman, & Zelnik-Manor, 2013). A novidade deste conceito baseia-se no facto de a saliência num vídeo ser bastante esparsa e a sua determinação em cada ponto do fotograma ser redundante. Assim, em vez disso, seleccionamos um conjunto de candidatos em cada fotograma e calculamos a saliência apenas nesses locais específicos.

## Revisão da literatura

Foram utilizados muitos artigos de investigação e plataformas de código aberto para a execução deste projeto. Uma vez que o nosso projeto está essencialmente relacionado com técnicas e algoritmos de processamento de imagem, a nossa compreensão dos recursos disponíveis foi muito importante para a conclusão bem sucedida deste projeto.

O nosso projeto segue a linha de ação adoptada em "Learning video saliency from human gaze using candidate selection" (Rudoy, Goldman, Shechtman, & Zelnik-Manor, 2013). As principais melhorias sugeridas neste trabalho de investigação foram adoptadas para implementar uma solução de baixo custo para o problema de modelação da atenção enfrentado por anunciantes e produtoras de media. Outro trabalho de investigação importante para o nosso projeto foi "Graph-Based Visual Saliency" (Harel, Koch, & Perona, 2006). Foram testados muitos algoritmos de fonte aberta e os seus resultados foram compilados para uma comparação abrangente.

O sistema de rastreio do olhar Haytham foi utilizado em primeiro lugar, mas devido aos seus resultados incorrectos, teve de ser substituído. Recentemente, investigadores no domínio do rastreio do olhar conceberam um dispositivo de hardware, denominado Eyetribe, que foi considerado suficientemente preciso para o nosso projeto.

Outro trabalho de investigação que se revelou fundamental para o desenvolvimento da nossa perspetiva sobre os padrões de olhar foi "Benefiting from users' gaze: selection of image regions from eye tracking information for provided" (Walber, Scherp, & Staab, 2013), em que aprendemos que fornecer anotações de imagens é uma tarefa entediante. A pesquisa investiga a ideia principal de encontrar objectos em imagens, observando os percursos do olhar dos utilizadores que visualizam imagens com interesse num objeto específico. A investigação analisa 799 padrões de olhar de 30 indivíduos. A investigação compara 13 medidas de fixação diferentes.

Complementando a pesquisa do artigo de Walber, "Segmenting Salient

Objects from Images and Videos" (Rahtu, Kannala, Salo, & Heikkila, 2010), onde é introduzido um novo método de segmentação de objectos salientes. Este método baseia-se principalmente na combinação de uma medida de saliência com um modelo de campo aleatório condicional (CRF). O método baseia-se numa estrutura estatística e no contraste local na cor, iluminação e formação de movimento. No final, não foi possível prosseguir com os postulados deste documento porque o mesmo apresenta problemas de precisão significativos quando utilizado em vídeos de alta definição em que é apresentado um elevado grau de informação. O algoritmo não foi concebido para fluxos de vídeo regulares, como os anúncios publicitários, que são o foco do nosso projeto.

O trabalho de investigação "AdOn: towards contextual overlay in-video advertising" (Mei, Guo, Hua, & Liu, 2010) também nos ajudou na conceção do produto final do nosso projeto. O artigo fala sobre as diferentes formas como os anúncios são utilizados na arena online e como a atenção é modelada nas redes sociais. A sua extensa base de dados de testes foi útil para melhorar a relevância do nosso projeto para os anúncios.

Há outro trabalho de investigação que foi útil no nosso estudo dos padrões de atenção. "What Is the Chance of Happening: A New Way to Predict Where People Look" (Yang, Song, Li, Bu, & Chen, 2010) aborda a atenção visual em imagens e vídeos. O artigo parte do famoso princípio de Helmholtz, que constitui uma nova abordagem da análise da atenção visual.

"Methods for comparing scanpaths and saliency maps: strengths and weaknesses" (Le Meur & Baccino, 2010) discute as várias modelações computacionais da atenção visual. Ajudou-nos a desenvolver o nosso método de modelação da atenção e a avaliar o desempenho do nosso modelo em relação a outros. Este documento também apresenta uma análise dos pontos fortes e fracos dos métodos de avaliação comuns baseados em dados de rastreio ocular semelhantes aos dados fornecidos pela Eyetribe.

O artigo "Tracking the Saliency Features in Images Based on Human Observation Statistics" (Szalai, Sziranyi, & Vidnyànszky, 2011) foi útil para explorar outros modelos de atenção visual humana. "From the human visual system to the computational models of visual attention: a survey" (Frintrop, Rome, & Christensen, 2010) também complementa o nosso estudo dos algoritmos mais avançados. Neste documento, são discutidos modelos de saliência baseados em imagens para o sistema visual humano. Também tem em consideração a investigação efectuada em várias disciplinas. O objetivo documento era trazer conceitos de áreas como a psicologia, a neurociência e a engenharia. Apresenta um levantamento exaustivo da investigação biológica sobre o sistema visual humano, juntamente com os modelos computacionais ascendentes para a atenção visual.

"Attention Prediction in Egocentric Video Using Motion and Visual Saliency" (Yamada, Sugano, Okabe, Sato, Sugimoto, & Hiraki, 2011) propõe um modelo de previsão de modelos egocêntricos para a saliência visual. A premissa principal sobre a qual constrói o seu algoritmo são dois tipos de mapas de atenção que são calculados com base nas posições do olhar do utilizador e na velocidade de rotação e direção de movimento da câmara.

## Metodologia

O projeto prevê a implementação de uma aplicação de software utilizando OpenCV e Matlab. O sistema combina módulos de hardware e de software. O módulo de hardware, que é um dispositivo chamado EyeTribe, recebe os dados de entrada (coordenadas do olhar), processa os dados e, em seguida, cria uma ligação com o software utilizando portas série/USB para efetuar o processamento posterior. O hardware interage com os utilizadores como um dispositivo de entrada passivo e cria um ficheiro de dados que é depois transmitido ao software para processamento posterior. O módulo de software lida com ficheiros de vídeo, como anúncios, e mapeia os dados do olhar nos fotogramas de vídeo sob a forma de mapas de calor para posterior processamento e comparação com os seus algoritmos incorporados que prevêem o olhar para o mesmo anúncio. O software é então capaz de calcular a taxa de sucesso dos algoritmos de previsão do olhar utilizados no sistema, comparando-os com os dados de referência do hardware EyeTribe.

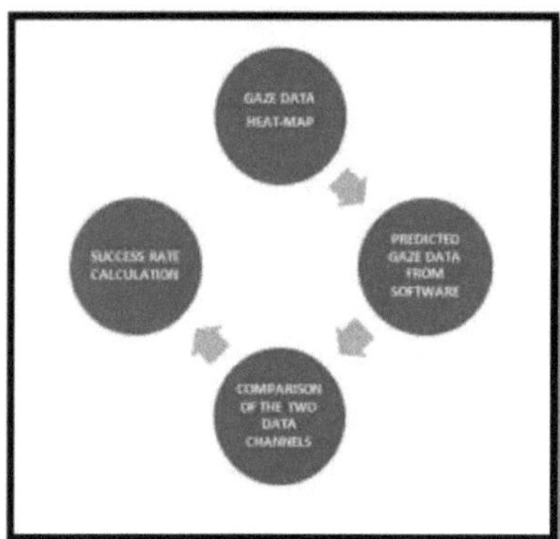


Figura 1: Diagrama de blocos

O sistema pode ser treinado para alterar os seus algoritmos de previsão do olhar, utilizando-o num conjunto de dados de vídeos enquanto recolhe os dados do olhar do utilizador através do dispositivo de hardware. A análise quadro a quadro é possível para efetuar melhorias no processo de produção de anúncios, de modo a melhorar as técnicas de captação da atenção utilizadas pelos anúncios do produto associado.

## IMPLEMENTAÇÃO DE DOCUMENTOS DE INVESTIGAÇÃO

A abordagem que selecionámos baseia-se em "Learning Video Saliency from Human Gaze Using Candidate Selection" (Rudoy, Goldman, Shechtman, & Zelnik-Manor, 2013), seguindo-se uma breve explicação dos três tipos básicos de candidatos que procuramos nos vídeos:

### Candidatos estáticos

Uma vez que cada vídeo é composto por fotogramas, trabalhamos ao nível do fotograma e classificamos o objeto de interesse em três categorias, uma das quais é o candidato estático. Para um fotograma específico, identificamos os candidatos estáticos à saliência calculando a saliência visual baseada em gráficos (GBVS) para o fotograma. O GBVS é um algoritmo proposto por Harel et al. O GBVS é preferido pela sua precisão em relação a outros algoritmos semelhantes para a previsão da fixação humana. Estes candidatos centram-se normalmente nas regiões mais salientes da imagem, como as caraterísticas faciais. As imagens seguintes de um teste do nosso algoritmo para candidatos estáticos ilustram o que foi dito.

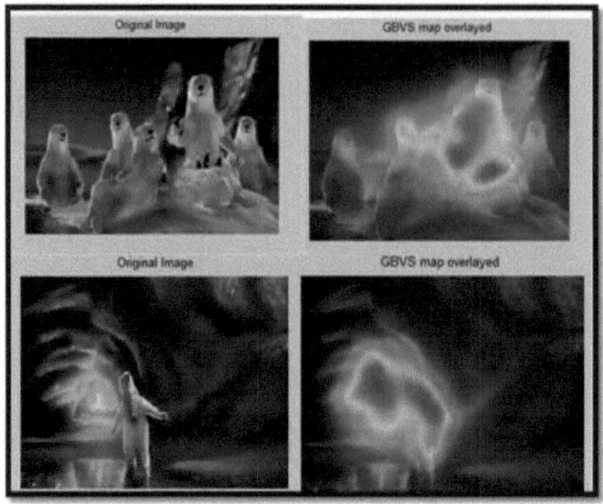


Figura 2: Candidatos estáticos - GBVS

**Candidatos à moção**

Outro conjunto de candidatos que calculámos para vídeos são os candidatos de movimento. A modelação da saliência em fotogramas independentes, tal como é feita para os candidatos estáticos, ignora a dinâmica envolvida. Os objectos dinamicamente activos num vídeo são normalmente os centros de atenção do vídeo. Com base neste pressuposto, incorporamos a saliência de movimento calculando primeiro a magnitude do fluxo ótico em fotogramas adjacentes. Depois disso, calcula-se a diferença de Gaussiano para filtrar o ruído desnecessário. Os candidatos a movimento são então criados a partir do mapa DoG. Segue-se o resultado de um teste do nosso algoritmo para um anúncio da Coca-Cola. O comprimento das setas é proporcional à quantidade de movimento registada em fotogramas adjacentes.

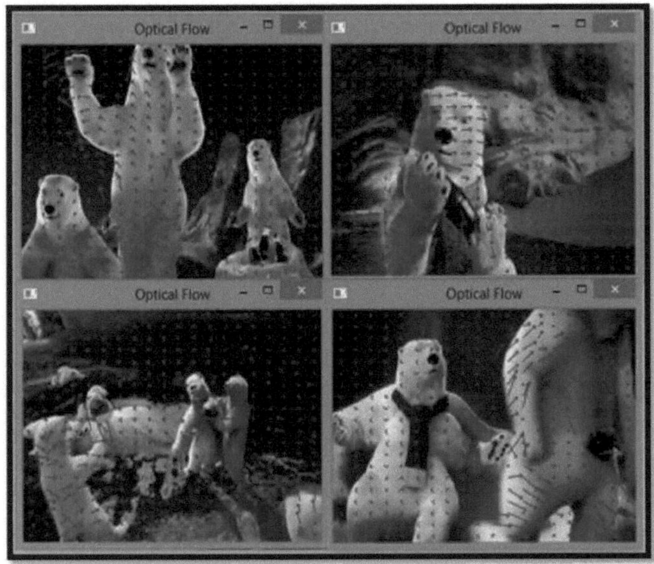


Figura 3: Candidatos a movimento - fluxo ótico

**Candidatos semânticos**

O nosso conjunto final de candidatos para prever a saliência é o candidato semântico. Estes candidatos representam as regiões em que o contexto humano é tido em consideração. São três os tipos de regiões semânticas mais comuns. O primeiro tem em conta o facto de a atenção visual humana num vídeo estar orientada para o centro do ecrã, pelo que o centro de cada fotograma se qualifica como candidato semântico. Para o segundo tipo de caraterística semântica, observamos que as pessoas estão geralmente interessadas em caraterísticas humanas no vídeo, no caso de uma presença humana num fotograma. O rosto e o tronco são considerados as caraterísticas humanas mais importantes, pelo que utilizamos um detetor de rostos e um detetor de poselets para os identificar no vídeo. Estes permitem-nos identificar o tamanho do rosto e do corpo. Além disso, os candidatos grandes e pequenos desta categoria são tratados de forma diferente. Aos corpos grandes é atribuída mais importância como caraterística saliente, atribuindo-lhe vários candidatos; um exemplo é o facto de a cabeça, os ombros e o tronco serem tratados como candidatos separados para uma presença humana maior numa imagem. Segue-se um teste do nosso algoritmo para um anúncio da Coca-Cola, em que a cara do urso é corretamente identificada como uma caraterística saliente.

Figura 4: Candidatos semânticos - Cascatas Haar

### RASTREADOR DE OLHARES

A única peça de hardware utilizada no nosso projeto é um dispositivo de seguimento do olhar, chamado Eye Tribe, que foi recentemente lançado no mercado. Tem um SDK que permite o processamento da entrada de dados do olhar. O rastreador Eye Tribe tem um sistema de cálculo do ponto de olhar utilizando uma câmara e extraindo a informação facial do utilizador. As coordenadas do olhar são depois introduzidas no software integrado para a criação de um ficheiro de dados, que é depois transmitido ao nosso sistema para o mapear em vídeos. O tamanho do ecrã é tido em conta e é permitida uma calibração rigorosa para melhorar a precisão.

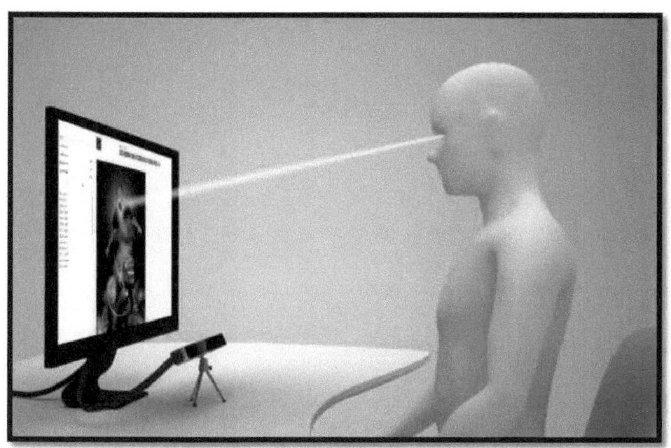

Figura 5: EyeTribe Gaze Tracker

A utilização deste dispositivo de seguimento ocular requer, em primeiro lugar, uma calibração. A razão para este processo de calibração é a diferença de caraterísticas dos olhos entre os utilizadores, pelo que o software tem de modelar estas diferenças para estimar com precisão as coordenadas do olhar. Este processo demora cerca de 20-30 segundos a ser concluído. Segue-se uma imagem que ilustra o aspeto do processo na API do dispositivo.

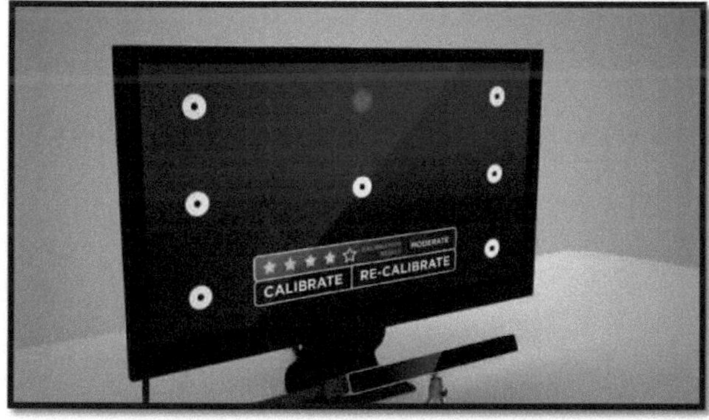


Figura 6: EyeTribe - Calibração

## EXPERIMENTAÇÃO

### EXTRAÇÃO DE CANDIDATOS

#### Candidatos semânticos

A extração semântica de candidatos foi efectuada utilizando ***cascatas Haar*** no OpenCV. Inicialmente, para além das cascatas de face frontal, utilizámos também cascatas de face de perfil e cascatas de corpo, mas a sua inclusão conduziu a alguns resultados erróneos, como mostra a figura abaixo:

Figura 7: Cascatas de Haar - Resultados incorrectos

Como se pode ver na figura acima, inclui certas regiões que não se enquadram em nenhuma das definições de candidatos semânticos discutidas anteriormente, pelo que restringimos os nossos candidatos semânticos às faces frontais e utilizámos apenas uma cascata Haar para esse efeito, cujos resultados são apresentados abaixo:

Figura 8: Cascatas Haar - Apenas face frontal

**Candidatos estáticos**

As caraterísticas gerais dos candidatos estáticos incluem

- Deteção de bordos
- Limite de tiro
- Parte da imagem com alto contraste

Para o efeito, utilizámos a abordagem GBVS proposta por (Harel, Koch, & Perona, 2006). A escolha do GBVS para a saliência estática deveu-se à sua eficiência e à precisão dos resultados gerados. De seguida, apresentam-se alguns resultados obtidos com este método:

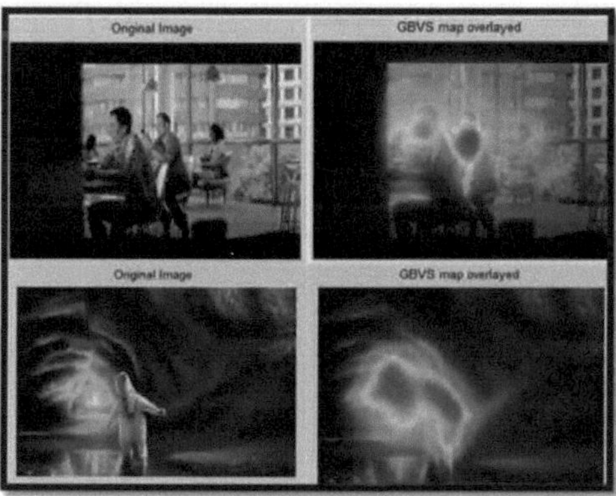

Figura 9: GBVS - Candidatos estáticos

**Candidatos à moção**

Os candidatos a movimento são extraídos utilizando o método ***de fluxo ótico Farneback***. Este método mede e mostra simplesmente a direção e a magnitude de um pixel em fotogramas sucessivos. Na figura abaixo, as setas vermelhas são utilizadas para representar o fluxo ótico, ou seja, a diferença de posição do pixel em relação à imagem anterior.

Figura 10 : Fluxo ótico de Farneback

No entanto, a magnitude deste fluxo é essencialmente a sua parte mais importante. Como se pode ver, a maioria dos pixéis tem algum fluxo, embora não suficientemente grande para chamar a atenção. Para este efeito, foi feito um limiar para classificar os pixels como salientes ou não. Por exemplo, os pixéis da figura mostrada abaixo são muito mais significativos como candidatos a movimento do que os da figura anterior.

Figura 11 : Fluxo ótico de Farneback (2)

## EXTRAÇÃO DE DADOS DO OLHAR

### Conjuntos de dados

Os conjuntos de dados de olhares de 42 pessoas para uma coleção de anúncios foram obtidos a partir de um projeto de fonte aberta na Internet. Estes conjuntos de dados estavam sob a forma de ficheiros de texto (.txt). A análise do texto foi efectuada para obter as coordenadas do olhar desejadas para cada fotograma. Segue-se uma captura de ecrã do ficheiro de dados:

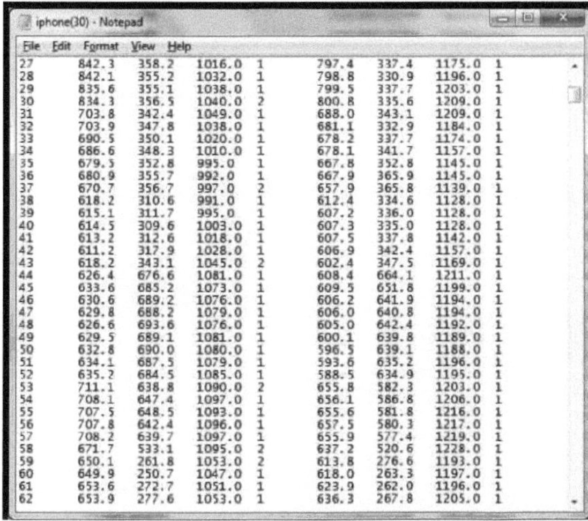


```
27  842.3  358.2  1016.0  1    797.4  337.4  1175.0  1
28  842.1  355.2  1032.0  1    798.8  330.9  1196.0  1
29  835.6  355.1  1038.0  1    799.5  337.7  1203.0  1
30  834.3  356.5  1040.0  2    800.8  335.6  1209.0  1
31  703.8  342.4  1049.0  1    688.0  343.1  1209.0  1
32  703.9  347.8  1038.0  1    681.1  332.9  1184.0  1
33  690.5  350.1  1020.0  1    678.2  337.7  1174.0  1
34  686.6  348.3  1010.0  1    678.1  341.7  1157.0  1
35  679.5  352.8  995.0   1    667.8  352.8  1145.0  1
36  680.9  355.7  992.0   1    667.9  365.9  1145.0  1
37  670.7  356.7  997.0   2    657.9  365.8  1139.0  1
38  618.2  310.6  991.0   1    612.4  334.6  1128.0  1
39  615.1  311.7  995.0   1    607.2  336.0  1128.0  1
40  614.5  309.6  1003.0  1    607.3  335.0  1128.0  1
41  613.2  312.6  1018.0  1    607.5  337.8  1142.0  1
42  611.2  317.9  1028.0  1    606.9  342.4  1157.0  1
43  618.2  343.1  1045.0  2    602.4  347.5  1169.0  1
44  626.4  676.6  1081.0  1    608.4  664.1  1211.0  1
45  633.6  685.2  1073.0  1    609.5  651.8  1199.0  1
46  630.6  689.2  1076.0  1    606.2  641.9  1194.0  1
47  629.8  688.2  1079.0  1    606.0  640.8  1194.0  1
48  626.6  693.6  1076.0  1    605.0  642.4  1192.0  1
49  629.5  689.1  1081.0  1    600.1  639.8  1189.0  1
50  632.8  690.0  1080.0  1    596.5  639.1  1188.0  1
51  634.1  687.5  1079.0  1    593.6  635.2  1196.0  1
52  635.2  684.5  1085.0  1    588.5  634.9  1195.0  1
53  711.1  638.8  1090.0  2    655.8  582.3  1203.0  1
54  708.1  647.4  1097.0  1    656.1  586.8  1206.0  1
55  707.5  648.5  1093.0  1    655.6  581.8  1216.0  1
56  707.8  642.4  1096.0  1    657.5  580.3  1217.0  1
57  708.2  639.7  1097.0  1    655.9  577.4  1219.0  1
58  671.7  533.1  1095.0  2    637.2  520.6  1228.0  1
59  650.1  261.8  1053.0  2    613.8  276.6  1193.0  1
60  649.9  250.7  1047.0  1    618.0  263.3  1197.0  1
61  653.6  272.7  1051.0  1    623.9  262.0  1196.0  1
62  653.9  277.6  1053.0  1    636.3  267.8  1205.0  1
```

Figura 12 : Ficheiro de dados do olhar

O código Matlab foi escrito para analisar os dados do olhar a utilizar para a verificação do nosso algoritmo

### Rastreador de olhares

O primeiro passo na utilização do EyeTribe gaze tracker após a sua instalação foi a calibração. A calibração não foi muito bem sucedida com luz brilhante, pelo que foi assegurada a semi-obscuridade para uma melhor calibração. Segue-se uma imagem de ecrã da GUI de calibração do EyeTribe:

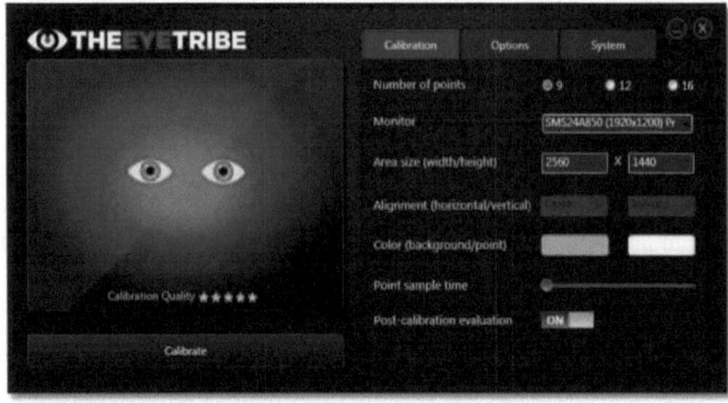


Figura 13 : GUI de calibração do EyeTribe

Após a calibração adequada, pode ser utilizado para guardar os dados de seguimento do olhar em ficheiros de texto.

A imagem seguinte mostra o formato em que os dados são armazenados:

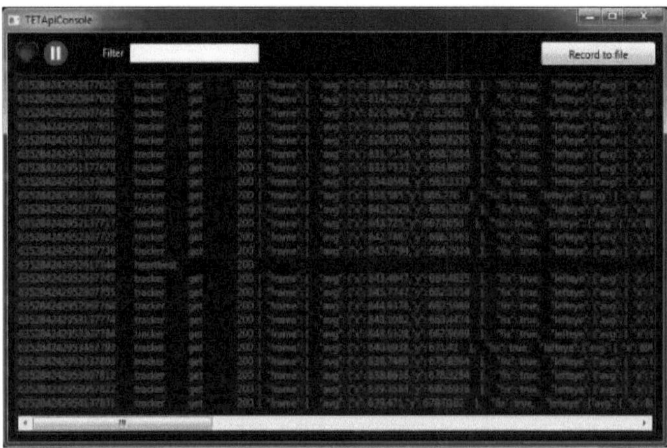


Figura 14: Dados do olhar do EyeTribe

Este texto pode ser transferido para um ficheiro utilizando o botão "Record to file" no canto superior direito da janela. À semelhança dos conjuntos de dados, foi escrito um código Matlab para analisar as coordenadas pretendidas a partir deste ficheiro de texto.

## Resultados

O nosso programa fornece uma medida quantitativa da saliência de um anúncio, prevendo as regiões salientes e comparando depois as nossas previsões com os dados do olhar obtidos do utilizador.

Segue-se a captura de ecrã da nossa GUI. A GUI que permite ao utilizador:

- Selecionar o anúncio da sua escolha
- Reproduzir o clip publicitário
- Reproduzir os vídeos dos mapas de saliência correspondentes (Estático, Semântico, Movimento ou Global).
- Reproduzir o vídeo do mapa do olhar para esse anúncio específico.
- Calcular e apresentar a distância euclidiana sob a forma de um gráfico.

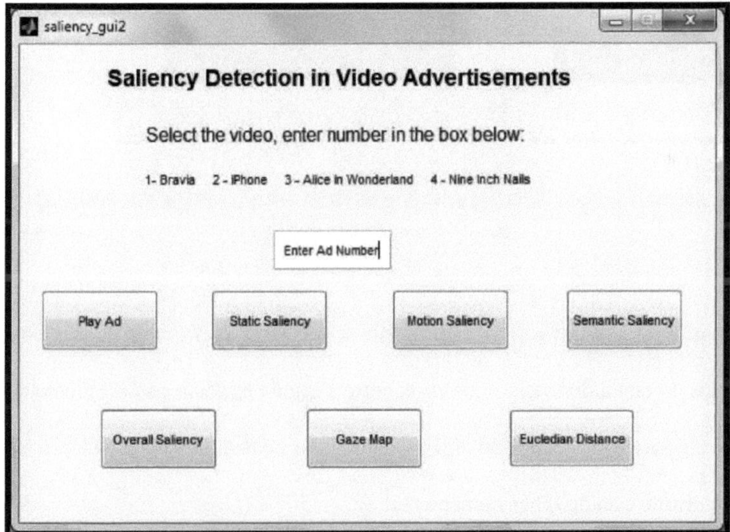


Figura 15: GUI de deteção de saliência

Abaixo estão representadas capturas de ecrã do mapa geral de saliência (à esquerda) e dos dados do olhar (à direita). O mapa de saliência global combina os três tipos de candidatos. As suas cores representam a força relativa da sua saliência, sendo que o branco representa a localização do candidato mais saliente. O mapa do olhar é obtido a partir dos dados adquiridos por 42 utilizadores. Calculamos o valor médio dos dados do olhar (a mediana não foi utilizada para este fim porque um único outlier pode afetar significativamente o valor da mediana) e, com esse valor como centro, criamos uma caixa de 20 pixels que representa os dados do olhar.

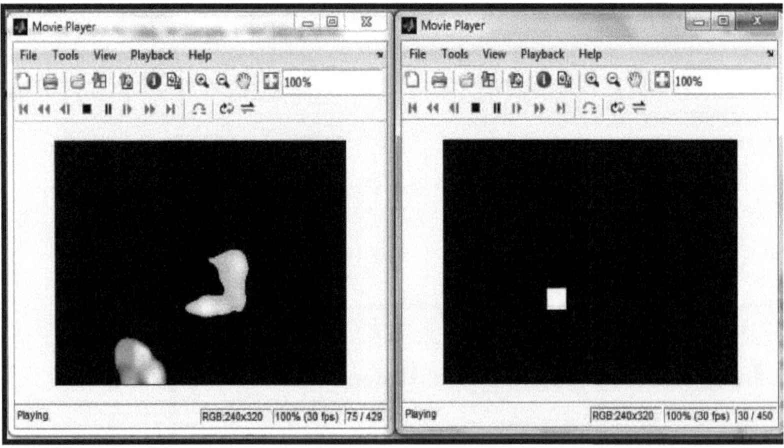


Figura 16 : Vídeos de resultados - Mapa geral de saliência (esquerda) e mapa do olhar (direita)

Para calcular a precisão do nosso algoritmo, utilizamos a ***distância euclidiana.*** A distância euclidiana não é mais do que a distância mais curta entre a região prevista como saliente de acordo com o nosso algoritmo e os dados do olhar. Quanto mais pequeno for o seu valor, mais próximo o nosso algoritmo está do olhar humano real.

A distância euclidiana é calculada para cada fotograma respetivo de um clip de vídeo e representada (em pixels) em relação ao número do fotograma, como se mostra abaixo:

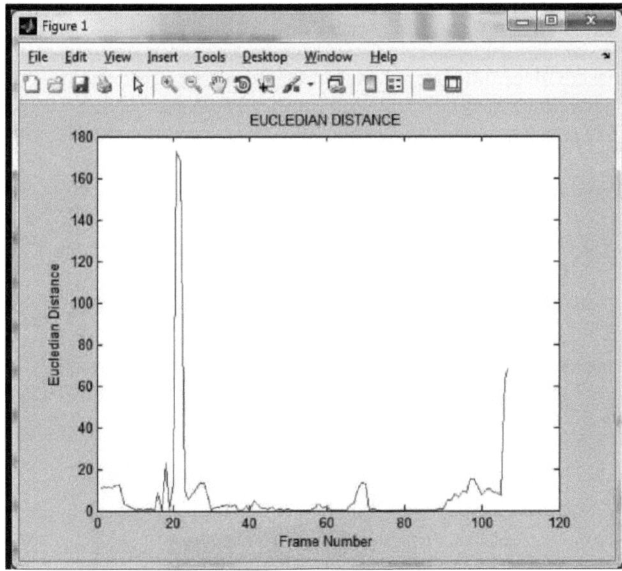


Figura 17 : Distância Euclidiana

No eixo y, a distância euclidiana é apresentada em pixéis e o eixo x representa os números dos fotogramas. Como se pode ver, geralmente o valor da distância euclidiana é inferior a 20 pixéis. Para o tamanho do fotograma do nosso vídeo (320*240 pixéis), isto corresponde a quase 5% do tamanho do fotograma.

Os poucos picos visíveis no gráfico correspondem a fotogramas durante as mudanças de plano; estas podem incluir mudanças súbitas nos objectos visíveis ou o escurecimento momentâneo do ecrã. O nosso algoritmo pode ser melhorado nestas áreas para garantir uma previsão globalmente exacta.

# Conclusão

O objetivo deste projeto foi desenvolver um sistema baseado na visão por computador, que ajudará a identificar caraterísticas visuais salientes num anúncio. Estas caraterísticas salientes deviam ser extraídas utilizando o olhar do utilizador e depois previstas com base no conhecimento adquirido. O objetivo era fornecer uma solução que desse às agências de publicidade a capacidade de analisar os seus anúncios e o seu valor para os espectadores.

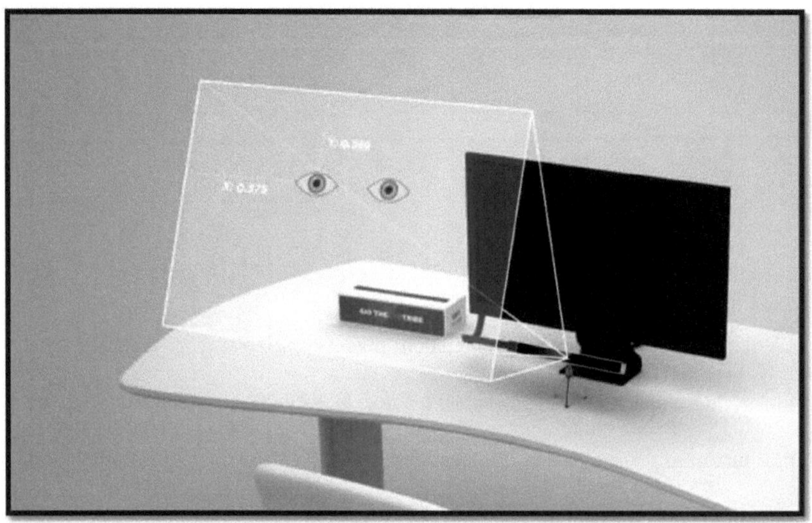

Figura 18 : Desenvolvimento da aplicação Gaze Tracker

A solução proposta identifica caraterísticas salientes dos vídeos, de forma semi-automatizada. Um número significativo de vídeos foi analisado e as suas caraterísticas salientes reconhecidas, e desenvolvemos com sucesso um protótipo de aplicação para prever caraterísticas de interesse noutros vídeos. Pretendemos tornar o nosso produto comercializável, tendo como alvo os anúncios publicitários de multinacionais.

O sistema pode ser facilmente atualizado para ser treinável, de modo a poder alterar os seus algoritmos de previsão do olhar, utilizando-o num conjunto de dados de vídeos enquanto recolhe dados sobre o olhar do utilizador através do dispositivo de hardware . A análise quadro a quadro é possível para efetuar melhorias no processo de produção de anúncios, de modo a melhorar as técnicas de captação da atenção utilizadas pelos anúncios do produto associado.

O hardware utilizado para o nosso projeto é um dispositivo de seguimento do olhar, chamado Eye Tribe, que foi recentemente lançado no mercado. Este dispositivo foi utilizado principalmente para recolher dados brutos sobre o olhar, cuja precisão foi considerada adequada para a nossa aplicação analítica. Dispõe de um SDK que permite o processamento dos dados do olhar introduzidos. O Eye Tribe tracker dispõe de um sistema de cálculo do ponto de olhar utilizando uma câmara e extraindo as informações faciais do utilizador. As coordenadas do olhar são depois introduzidas no software integrado para a criação de um ficheiro de dados, que é depois transmitido ao nosso sistema para o mapear em vídeos. O tamanho do ecrã é tido em conta e é permitida uma calibração rigorosa para melhorar a precisão.

O nosso projeto devia seguir um trabalho de investigação intitulado "Learning video saliency from human gaze using candidate selection" (Rudoy, Goldman, Shechtman, & Zelnik-Manor, 2013). As principais melhorias sugeridas neste trabalho de investigação foram adoptadas para implementar uma solução de baixo custo para o problema da modelação da atenção enfrentado pelos anunciantes e pelas produtoras de media. Outro trabalho de investigação importante para o nosso projeto foi "Graph-Based Visual Saliency" (Harel, Koch, & Perona, 2006). Foram testados muitos algoritmos de fonte aberta e os seus resultados foram compilados para uma comparação abrangente.

Concluímos com êxito o conjunto de objectivos com que partimos inicialmente. No entanto, ainda há margem para melhorias em termos das aplicações que podem ser concebidas com base nos resultados obtidos com a aplicação. O próprio rastreador do olhar pode ser utilizado multilateralmente para aumentar o envolvimento em anúncios e os algoritmos de modelação da atenção podem ser utilizados para melhorar ainda mais os resultados da nossa aplicação.

Muitos artigos de investigação e plataformas de código aberto foram efetivamente utilizados para a execução deste projeto. O facto de o nosso projeto estar principalmente relacionado com técnicas e algoritmos de processamento de imagem, a nossa compreensão dos recursos disponíveis foi muito importante para a conclusão bem sucedida deste projeto.

Os resultados da nossa aplicação em conjuntos de dados de vídeo podem ser efetivamente utilizados para a análise quantitativa e qualitativa dos padrões de atenção. Os resultados dos percursos de varrimento e da previsão da fixação podem ser utilizados para criar novos algoritmos. Os resultados da nossa aplicação podem ser utilizados para criar uma ferramenta de análise estatística para grandes conjuntos de dados de vídeo. Os dados do rastreador do olhar podem ser acumulados numa grande audiência para modelar eficazmente a atenção para anúncios que seguem diferentes metodologias de informação sobre a marca.

A análise quadro a quadro é possível para efetuar melhorias no processo de produção de anúncios, de modo a melhorar as técnicas de captação da atenção utilizadas pelos anúncios do produto associado. Os métodos de extração de candidatos semânticos, estáticos e de movimento podem ser utilizados eficazmente para a identificação e segmentação de várias caraterísticas salientes nos fotogramas dos vídeos.

## Recomendações

O produto de hardware utilizado no nosso projeto tem muitas outras dimensões, podendo ser utilizado como dispositivo de modelação da atenção ou para utilizar os olhos como meio de entrada. O nosso projeto em si pode ser bastante versátil na sua utilização na indústria dos media. A sua utilização pode ser alargada aos jogos e à análise de sítios Web, bem como aos paradigmas de segurança. As aplicações para smartphones podem ser tornadas mais inteligentes através da utilização eficaz da nossa aplicação.

Os criadores de aplicações de todos os tipos podem utilizar o modelo de atenção implementado pela nossa aplicação para obter uma análise quantitativa dos padrões do olhar. Aplicações mãos-livres de todos os tipos podem ser desenvolvidas e testadas através da utilização da nossa aplicação. A análise e a conceção de sítios Web podem dar uma nova volta utilizando a nossa aplicação e os seus novos modelos de atenção.

Figura 19 : Jogos controlados pelo olhar

Os centros comerciais podem utilizar melhor os dados do olhar do seu público utilizando a nossa aplicação e avaliar qualitativamente quais as áreas/produtos que chamam mais a atenção e como tirar partido dessa informação para aumentar a atração. Outra área muito importante para o rastreio do olhar é a segurança , onde os utilizadores podem utilizar os dados do olhar para obter autorização de segurança.

Um SDK super-intuitivo e uma API aberta do rastreador do olhar facilitam muito o acesso aos dados do olhar sem comprometer a flexibilidade. Tudo o que precisa de fazer é escrever algumas linhas de código para iniciar o fluxo de coordenadas do olhar.

Os algoritmos avançados da nossa aplicação funcionam sem problemas com o hardware para a otimização da iluminação e do ambiente para obter resultados precisos. Um campo de visão muito amplo permite implementações em ecrãs maiores, como no caso da utilização da nossa aplicação em centros comerciais e outros cenários de grande escala. No entanto, atualmente, a otimização foi conseguida para casos de utilização em interiores sem o envolvimento da luz solar direta nos sensores utilizados no rastreador do olhar.

Figura 20 : Separadores controlados pelo olhar

A nossa aplicação não tem problemas de portabilidade e, por conseguinte, pode ser implementada em casos de utilização em que as implementações anteriores não eram viáveis. Quisemos que a nossa aplicação fosse tão pequena quanto possível para aumentar os cenários de casos de utilização para os programadores que criam aplicações com base na nossa implementação. A nossa implementação de software pode detetar movimentos oculares com uma precisão sub-milimétrica, permitindo que a exatidão atinja cerca de 0,5 graus de ângulo visual. Esta capacidade aumenta exponencialmente as possibilidades de utilização da aplicação.

Alguns dos exemplos de aplicações controladas pelo olhar são aqui mencionados:

- Leitores de sítios Web ou de pdf com capacidade de deslocação automática.
- Os mapas podem ser deslocados utilizando dados do olhar, incluindo a capacidade de aumentar/reduzir o zoom.
- Interfaces de computador sensíveis aos dados do olhar para ativação de ícones
- Alternância de focagem em ambientes com várias janelas utilizando dados do olhar
- Melhorias no ambiente de jogo com base nos mapas de atenção gerados pela nossa aplicação
- Teclados no ecrã para os utilizadores com deficiência digitarem os comandos.

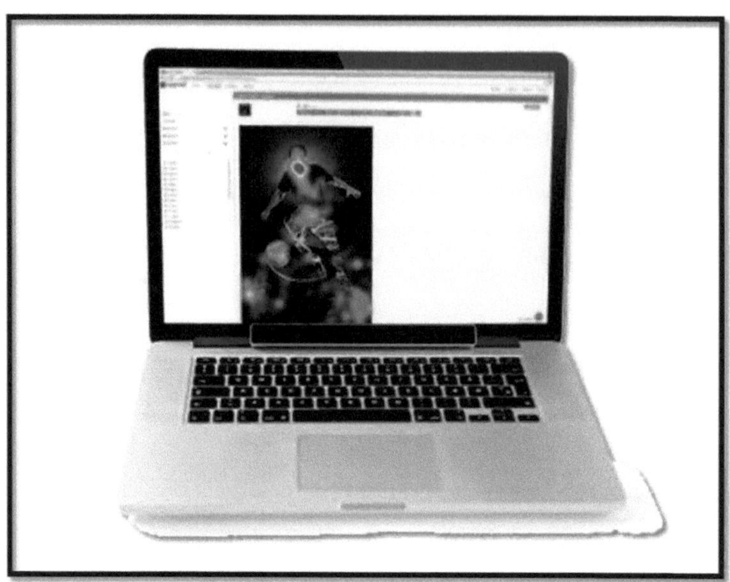

Figura 21: Mapas de calor do seguimento do olhar

## CÓDIGO DO PROJECTO

```
#undef _GLIBCXX_DEBUG

#include <opencv\cv.h>
#include <opencv\highgui.h>

#define M_PI 3.141592653589793









using namespace cv;
using namespace std;


void drawOptFlowMap(const Mat& flow, Mat& cflowmap, int step,
double scale, const Scalar& color)
{
    for(int y = 0; y < cflowmap.rows; y += step)
        for(int x = 0; x < cflowmap.cols; x += step)
        {
            const Point2f& fxy = flow.at<Point2f>(y, x);
            line(cflowmap, Point(x,y), Point(cvRound(x+fxy.x),
cvRound(y+fxy.y)), color);
            //circle(cflowmap, Point(x,y), 2, color, -1);
        }
}











int main(int argc, char** argv)
{
    VideoCapture cap("C:\\Users\\Af\\Desktop\\d.avi");

    if( !cap.isOpened() )
        return -1;

    Mat prevgray, gray, flow, cflow, gflow, frame;
```

```
	int width,height;
	double fps;

	cap>>frame;
	width=frame.cols;
	height=frame.rows;
	fps=cap.get(CV_CAP_PROP_FPS);

	Mat flow_rgb = cv::Mat(Size(width,height),CV_8UC3);
	Mat imgU = cv::Mat(Size(width,height),CV_8UC1);
	Mat imgV = cv::Mat(Size(width,height),CV_8UC1);

	int cf=0;

	CvSize size=cvSize(width,height);
	VideoWriter

writer("C:\\Users\\Af\\Desktop\\001c.avi",CV_FOURCC('M','J','P'
,'G'),fps,size);

     for(;;)
      {
         cap >> frame;
             if(!frame.empty())
             {
                    cf=cap.get(CV_CAP_PROP_POS_FRAMES);
                    cvtColor(frame, gray, CV_BGR2GRAY);

                    if( prevgray.data )
                    {
                           //Calculate optical flow
                           calcOpticalFlowFarneback(prevgray, gray,
flow, 0.5, 3, 15, 3, 5, 1.2, 0);

                           //Apply gaussian filter: window
size(9,9) must be odd numbers

	GaussianBlur(flow,gflow,cvSize(9,9),0,0);
```

```
                        printf("cf:%d\n",cf);
                        cvtColor(prevgray, cflow, CV_GRAY2BGR);
                        drawOptFlowMap(gflow, cflow, 10, 1.5,
CV_RGB(0, 255, 0));
                        //imshow("flow", cflow);
                        writer.write(cflow);
                  }

                  if(waitKey(1)>=0)
                        break;
                  std::swap(prevgray, gray);
            }
      else
            break;
    }
    return 0;
}
```

```
Static Saliency:
close all
str = input('Enter the video address: ','s');
mov1 = mmreader(str);
k = mov1.NumberOfFrames;
    vidObj = VideoWriter('D:\FYP\new.avi');
    open(vidObj);
for i=1:k

    image = mov1.read(i);
    s = size(image);
    l=0;
    if(s(2)/s(1)~= 4/3)
        if (s(2)>s(1))
            l = 1;
            %image = imresize(image, [uint8((s(2)*4/3)+1)
s(2)]);
```

```
            image = imresize(image, [720 960]);
        end
        if (s(2)>s(1))
            l = 2;
            %image = imresize(image, [s(1)
uint8((s(1)*4/3))+1]);
             image = imresize(image, [720 960]);
        end
    end







        out = gbvs(image);
        out_frame = 255*out.master_map_resized;
        out_final = uint8(out_frame);
        %show_imgnmap(image,out);
        i
        if l==2
            out_final = imresize(out_final, [s(1) s(2)]);
        end
        if l==1
            out_final = imresize(out_final,  [s(1) s(2)]);
        end
    for a=1:s(1)
        for b =1:s(2)
            if(out_final(a,b)<200)
                out_final(a,b)=0;
            end
        end
    end







    %out = gbvs(image);
%     out_frame = 255*out.master_map_resized;
%     out_final = uint8(out_frame);
    name = strcat('D:\Split\',+num2str(i),'.jpg');


    imwrite(out_final,name)
    %Prepare the new file.

     % Write each frame to the file.

       currFrame = out_final;
```

```
        writeVideo(vidObj,currFrame);


     % Close the file.

%    VideoFile=strcat('D:\FYP\MyVideo.avi');
%    writerObj = VideoWriter(VideoFile);
% fps= 30;
% writerObj.FrameRate = fps;

%open(writerObj);

% t= 1:length(jpegFilesS)

%Frame=imread(strcat(ImagesFolder,'\',jpegFilesS(t).name));
     %writeVideo(writerObj,out_final);









end
 close(vidObj);


MOTION SALIENCY:
// Motion_saliency.cpp : Defines the entry point for the
console application.
//














//int _tmain(int argc, _TCHAR* argv[])
//{
    //return 0;
//}
//#ifdef _MSC_VER
//#define atl _ATL_SECURE_NO_DEPRECATE
//#define  mfc _AFX_SECURE_NO_DEPRECATE
//#define _CRT_SECURE_NO_WARNINGS
//#endif
```

```
#undef _GLIBCXX_DEBUG
//#define _CRT_SECURE_NO_DEPRECATE
//#define _CRT_SECURE_NO_DEPRECATE

#include "stdafx.h"
#include <opencv\cv.h>
#include <opencv\highgui.h>
#include <math.h>

#define M_PI 3.141592653589793

using namespace cv;
using namespace std;




void drawOptFlowMap(const Mat& flow, Mat& cflowmap, int step,
double scale, const Scalar& color)
{

    for(int y = 10; y < cflowmap.rows; y += step)
        for(int x = 10; x < cflowmap.cols; x += step)
        {
            const Point2f& fxy = flow.at<Point2f>(y, x);
            line(cflowmap, Point(x,y), Point(cvRound(x+fxy.x),
cvRound(y+fxy.y)), color);

            //cout<<"x is "<<x<<" modified x is "<<fxy.x<<" and
y is "<<y<<endl;
            //result(x,y) = sqrt((((fxy.x)-x)^2)+(((fxy.y)-
y)^2))
           // circle(cflowmap, Point(x,y), 2, color, -1);
        }
}
/*




void resultant(const Mat& flow, Mat& cflowmap, int step, Mat
channel)
{
      for(int y = 0; y < cflowmap.rows; y += step)
        for(int x = 0; x < cflowmap.cols; x += step)
        {
```

```
            const Point2f& fxy = flow.at<Point2f>(y, x);
            float temp = (fxy.x)*(fxy.x);
            temp = temp + (fxy.y)*(fxy.y);
            temp = sqrt(temp)*100;

            //uchar temp1 = static_cast<uchar>(temp);
            cout<<"x= "<<x<<" y= "<<y<<" Temp= "<<temp<<endl;
            //uchar temp1 = static_cast<uchar>(temp);
            channel.at<double>(x,y) = 120;

        }
}
*/
```

```
void resultant(Mat flow, Mat cflowmap, int step, Mat& channel,
double max)
{

      for(int y = 0; y < cflowmap.rows; y += step)
        for(int x = 0; x < cflowmap.cols; x += step)
        {
            const Point2f& fxy = flow.at<Point2f>(y, x);
            float temp = (fxy.x)*(fxy.x);
            temp = temp + (fxy.y)*(fxy.y);
            temp = sqrt(temp);

            if(temp>max){
                max = temp;
            }

            if(temp<5){

            temp = 0;
            }
            else
                temp = temp*25;
            //cout<<max<<endl;
            //temp = temp*50;
            //uchar temp1 = static_cast<uchar>(temp);
            //cout<<"x= "<<x<<" y= "<<y<<" Temp= "<<temp<<endl;
            //uchar temp1 = static_cast<uchar>(temp);
            //channel.at<double>(x,y) = 120;
            //cout<<"x: "<<cflowmap.rows<<endl;
            //cout<<"y: "<<cflowmap.cols<<endl;
            //cout<<temp<<endl;
            channel.at<uchar>(y,x) = temp;


        }
```

```
}
int main(int argc, char** argv)
{
    VideoCapture cap("D:/FYP/test2.avi");

    if( !cap.isOpened() )
        return -1;

    Mat prevgray, gray, flow, cflow, gflow, frame;

    int width,height;
    double fps;

    cap>>frame;
    width=frame.cols;
    height=frame.rows;
    fps=cap.get(CV_CAP_PROP_FPS);



    Mat flow_rgb = cv::Mat(Size(width,height),CV_8UC3);
    Mat imgU = cv::Mat(Size(width,height),CV_8UC1);
    Mat imgV = cv::Mat(Size(width,height),CV_8UC1);

    int cf=0;

    CvSize size=cvSize(width,height);
    VideoWriter
writer("D:/001c.avi",CV_FOURCC('M','J','P','G'),fps,size);
    double temp=0;
    double max=0;
    for(;;)
    {
        cap >> frame;
        if(!frame.empty())
        {
            cf=cap.get(CV_CAP_PROP_POS_FRAMES);
            cvtColor(frame, gray, CV_BGR2GRAY);

            if( prevgray.data )
            {
                //Calculate optical flow
                calcOpticalFlowFarneback(prevgray, gray, flow,
0.5, 3, 15, 3, 5, 1.2, 0);

                //Apply gaussian filter: window size(9,9) must
be odd numbers
                GaussianBlur(flow,gflow,cvSize(9,9),0,0);


                printf("cf:%d\n",cf);
                cvtColor(prevgray, cflow, CV_GRAY2BGR);
                drawOptFlowMap(gflow, cflow, 10, 1.5, CV_RGB(0,
255, 0));
                //Mat result(cflow.rows,cflow.cols, CV_8UC3,
Scalar(0,0,0));
```

```
                Mat asdf(cflow.rows, cflow.cols, CV_8UC1,
Scalar(0));
                //Mat Z = Mat(cflow.rows,cflow.cols, CV_32FC1,
Scalar(0));
                // Z;
                Mat Z = Mat(cflow.rows,cflow.cols, CV_8UC3,
Scalar(0,0,0));
                //Mat channel[3];
                //split(Z, channel);
                resultant(gflow, cflow, 1, asdf,max);

                cvtColor(asdf,Z,CV_GRAY2RGB);
                //channel[1] = channel[0];
                //channel[2] = channel[0];
                //merge(channels,3,result);
                imshow("flow", asdf);
                //Z.at<float>(1,1) = 100;
                writer.write(Z);
            }
            //cout<<max<<endl;
            if(waitKey(1)>=0)
                break;
            std::swap(prevgray, gray);
        }
    else
        break;
    }
    return 0;
}


/*
#include "stdafx.h"
#include <stdio.h>
#include <math.h>

    int main()
{
    double x = 987;
     char y = sqrt(x);

    printf("Square root is : %c\n", y);

    //system("pause");
    return 0;

}

SEMANTIC SALIENCY:
// semantic.cpp : Defines the entry point for the console
application.
//

 #include "stdafx.h"
 #include "opencv2/objdetect/objdetect.hpp"
 #include "opencv2/highgui/highgui.hpp"
```

```
#include "opencv2/imgproc/imgproc.hpp"

#include <iostream>
#include <stdio.h>

using namespace std;
using namespace cv;

/** Function Headers */
void detectAndDisplay( Mat frame ,Mat result);

/** Global variables */
   String face_cascade_name =
"haarcascade_frontalface_alt.xml";
   //String face_cascade_name =
"haarcascade_frontalface_default.xml";
   //String face_side = "haarcascade_profileface.xml";
   //String body_cascade_name =
"haarcascade_mcs_upperbody.xml";
//String face_cascade_name = "lbpcascade_frontalface.xml";
//String eyes_cascade_name =
"haarcascade_eye_tree_eyeglasses.xml";
CascadeClassifier face_cascade;
//CascadeClassifier side_face;
//CascadeClassifier body_cascade;

//CascadeClassifier eyes_cascade;
string window_name = "Capture - Face detection";
RNG rng(12345);

int main(int argc, char* argv[])
{
   if( !face_cascade.load( face_cascade_name ) ){ cout<<"--
(!)Error loading\n"; return -1; };
   //if( !side_face.load( face_side) ){ cout<<"--(!)Error
loading\n"; return -1; };
   //if( !body_cascade.load( body_cascade_name ) ){ cout<<"--
(!)Error loading\n"; return -1; };

   VideoCapture cap("D:/abc.avi"); // open the video file for
reading
   //VideoCapture cap("video1_converted.avi"); // open the
video file for reading
   //VideoCapture cap("Pepsi.mp4"); // open the video file for
reading

   if ( !cap.isOpened() )  // if not success, exit program
   {
        cout << "Cannot open the video file" << endl;
        return -1;
   }
   //namedWindow("MyVideo",CV_WINDOW_AUTOSIZE);
   //cap.set(CV_CAP_PROP_POS_MSEC, 300); //start the video at
300ms
```

```
    double fps = cap.get(CV_CAP_PROP_FPS); //get the frames per
seconds of the video
    double dWidth = cap.get(CV_CAP_PROP_FRAME_WIDTH); //get the
width of frames of the video
    double dHeight = cap.get(CV_CAP_PROP_FRAME_HEIGHT); //get
the height of frames of the video

    cout << "Frame Size = " << dWidth << "x" << dHeight <<
endl;
    cout << "Frame per seconds : " << fps << endl;

    Size frameSize(static_cast<int>(dWidth),
static_cast<int>(dHeight));

    //VideoWriter oVideoWriter ("coke_bear_face.avi",
CV_FOURCC('P','I','M','1'), 20, frameSize, true); //initialize
the VideoWriter object
    VideoWriter oVideoWriter ("D:/FYP/Semantic.avi",
CV_FOURCC('P','I','M','1'), 20, frameSize, true); //initialize
the VideoWriter object
    if ( !oVideoWriter.isOpened() ) //if not initialize the
VideoWriter successfully, exit the program
    {
        cout << "ERROR: Failed to write the video" << endl;
        return -1;
    }

    namedWindow("MyVideo",CV_WINDOW_AUTOSIZE); //create a
window called "MyVideo"
    Mat frame;
        Mat result = Mat(frame.rows, frame.cols, CV_8UC1,
Scalar(0));

        int i=1;
    while(1)
    {
        cout<<i<<endl;
        i++;
        Mat Z = Mat(frame.rows,frame.cols, CV_8UC3,
Scalar(0,0,0));
        bool bSuccess = cap.read(frame); // read a new frame
from video

        if(bSuccess)
        {
            detectAndDisplay(frame,Z);
        }
        else //if not success, break loop
            {
                        cout << "Cannot read the frame from
video file" << endl;
                        break;
            }
        //cvtColor(result,Z,CV_GRAY2RGB);
        oVideoWriter.write(Z); //writer the frame into the file
```

```
        //imshow("MyVideo", frame); //show the frame in
"MyVideo" window

        if(waitKey(3) == 27) //wait for 'esc' key press for 30
ms. If 'esc' key is pressed, break loop
        {
                cout << "esc key is pressed by user" << endl;
                break;
        }

    }

    return 0;

}


void detectAndDisplay( Mat frame, Mat result)
{
  std::vector<Rect> faces;

  Mat frame_gray;


  cvtColor( frame, frame_gray, CV_BGR2GRAY );
  equalizeHist( frame_gray, frame_gray );


  //-- Detect faces
  face_cascade.detectMultiScale( frame_gray, faces, 1.1, 2,
0|CV_HAAR_SCALE_IMAGE, Size(30, 30) );


  for( size_t i = 0; i < faces.size(); i++)
  {



    Point center( faces[i].x + faces[i].width*0.5, faces[i].y +
faces[i].height*0.5 );
    ellipse( frame, center, Size( faces[i].width*0.5,
faces[i].height*0.5), 0, 0, 360, Scalar( 255, 0, 255 ), 4, 8, 0
);
    ellipse( result, center, Size( faces[i].width*0.5,
faces[i].height*0.5), 0, 0, 360, Scalar( 255, 255, 255 ), -1,
8, 0 );

  //-- Show what you got
    //imshow( "MyVideo", frame );
}
}
```

## Referências


- Frintrop, S., Rome, E., & Christensen, H. I. (2010). Sistemas computacionais de atenção visual e seus fundamentos cognitivos: A survey. *ACM Transactions on Applied Perception (TAP)* .

- Harel, J., Koch, C., & Perona, P. (2006). Saliência visual baseada em gráficos. *Avanços em Sistemas de Processamento de Informação Neural 19 (NIPS 2006).* Vancouver, Canadá: Sistemas de Processamento de Informação Neural (NIPS).

- Herr, N. (2007). *"Televisão e Saúde": The Sourcebook for Teaching Science.* Recuperado de http://www.csun.edu/:http://www.csun.edu/science/health/docs/tv&health.html

- Le Meur, O., & Baccino, T. (2010). Métodos de comparação de caminhos de varredura e mapas de saliência: Strengths and Weaknesses. *Behavior Research Methods* , 318.

- Mei, T., Guo, J., Hua, X.-S., & Liu, F. (2010). AdOn: An Intelligent Overlay Video Advertising System (Um sistema inteligente de publicidade em vídeo sobreposto). *SIGIR '09* (pp. 628-629). Boston, Massachusetts, EUA: ACM New York, NY, EUA.

- Penn, C. (2012, 2 de fevereiro). *A importância do vídeo no marketing.* Recuperado de http://www.b2bmarketing.net.

- Rahtu, E., Kannala, J., Salo, M., & Heikkila, J. (2010). Segmentação de objectos salientes de. *Visão computacional -- ECCV 2010*, (pp. 366-379). Creta, Grécia.

- Rudoy, D., Goldman, D. B., Shechtman, E., & Zelnik-Manor, L. (2013). Aprendendo a saliência de vídeo do olhar humano usando a seleção de candidatos. *CVPR2013* (pp. 1147-1154). Computer Vision Foundation.

- Szalai, S., Sziranyi, T., & Vidnyànszky, Z. (2011). Tracking the Saliency Features in

Images Based on Human Observation Statistics. *MUSCLE'11 Actas da conferência internacional de 2011 sobre Inteligência Computacional para a Compreensão de Multimédia* (pp. 219-233). Springer-Verlag.

- Walber, T., Scherp, A., & Staab, S. (2013). Beneficiando do olhar dos utilizadores: Seleção de regiões de imagem. *Ferramentas e aplicações multimédia* , 1-28.

- Yamada, K., Sugano, Y., Okabe, T., Sato, Y., Sugimoto, A., & Hiraki, K. (2011). Previsão de atenção em vídeo egocêntrico usando movimento e saliência visual. *Avanços na tecnologia de imagem e vídeo: 5º Simpósio da Orla do Pacífico, PSIVT 2011, Gwangju, Coreia do Sul, 20-23 de novembro de 2011, Actas* (pp. 277-288). Gwangju, Coreia do Sul: Springer.

- Yang, Y., Song, M., Li, N., Bu, J., & Chen, C. (2010). Qual é a Chance de Acontecer: A New Way. *ECCV 2010* (pp. 631-643). Creta, Grécia: Springer-Verlag.

Printed by Books on Demand GmbH, Norderstedt / Germany

Printed by Books on Demand GmbH, Norderstedt / Germany